科学家们有点儿忙

数学选中了你

④数学选中了每个人

很忙工作室◎著   有福画童书

U0179927

北京科学技术出版社
100层童书馆

3 岁发现父亲账目里的错误。

9 岁创立了"高斯求和",也就是用简便算法计算从 1 到 100 的和。

15 岁开始质疑欧氏几何。

19 岁发现了正十七边形尺规作图的方法。
这是一个天赋异禀的孩子。

高斯老师，您怎么有回不完的信啊？

数学家和数学学霸也会觉得数学难吗？

这个问题白问了，数学星人怎么可能觉得数学难呢？

这还真不一定！

做微积分作业，题都认识我了，我还不认识它。

我也怕复杂的计算。

但难的题目做起来才有意思！

数学的特点就是难。

对于什么算难、有多难，每个人都有自己的理解。

学霸们的感叹足以说明数学很难了，听到这些，你有没有感到开心一点儿？

1是一个典型的抽象概念。

那 π 也是抽象的，我才是具体的。

我也是具体的了！

这些抽象的概念很有用！抽象之后你会发现另外一个世界。

受感官的制约，我们看到的并不一定是完全真实的。

300倍

放大倍率

头发

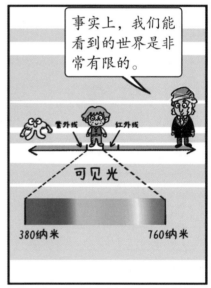

事实上，我们能看到的世界是非常有限的。

紫外线   红外线

可见光

380纳米   760纳米

所以，如果我们想更接近世界的本质，不能光靠感性认识，数学抽象也许是最有效的途径。

有时候，我们需要"去掉"所有感性认识，比如轻重、大小、软硬、冷热等。

6

你会发现表面上看起来不同的事物可能存在某种关系或有相同的结构。

抽象之后，你会发现另外一个世界。

我对积木的分类就是对真实世界中积木的关系和结构的一种抽象，这种抽象在数学中叫作集合。

通过集合，我们可以更好地理解积木之间的共同点和区别，从而搭建出更精巧的结构。

我们可以用数学世界里的规律改变真实世界。

还记得之前讲过的笛卡儿坐标系吗？用代数来表示物体在空间中的位置。

代数就是一种抽象的数学。

笛卡儿发现可以用代数来表达几何。

几何也是一种抽象的数学。

不过……这样我觉得好懂多了。

5厘米

6厘米

6厘米

蜘蛛距离地面5厘米，距离我右侧的墙6厘米，距离我前方的墙6厘米！

厉害！你把陌生的抽象问题转化成熟悉的抽象问题了。

我用3个数就确定了蜘蛛的位置。

还有你走过的"七桥"。

那不是一个拓扑问题吗？

你看，你已经进步很多了！

"七桥问题"是把一个具体问题转化成了一个抽象问题。

去掉多余的部分，简化出数学问题。

数学抽象还有一个特征叫多级抽象。

就是在已有抽象的基础上，进一步抽象。

没有最难，只有更难吧！

应该是没有最抽象，只有更抽象！

也就是离现实中直观的东西越来越远……

从符号到数字……

再到几何……

再到空间。

9

人类的思考方式受语言支配，我们可以把数学看成一种特殊的语言。

它向我们展现世界最基本的原理和最普遍的规律。

它帮我们排除所有的外部干扰，向万物的本质靠近。

等等，老师，我就想知道这一次有什么好玩的行程？

听老师讲课也很好呀。

哈哈！知道你们坐不住了，跟我来吧！

数学研究就像航海！我们一起去体验一下吧。

出发喽！

2000 年，美国克雷数学研究所选定了 7 个"千禧年大奖问题"，每个问题悬赏 100 万美元。

7 × ?

CMI

就是下面这 7 个问题。

你可以去第 2 册最后的"数学大冒险"里找一找！

这大概是全世界最难挣到的一笔巨款了吧。

我想试试！

| NP 完全问题 | 霍奇猜想 | 庞加莱猜想 | 黎曼猜想 | 杨–米尔斯理论 | BSD 猜想 | 纳维–斯托克斯方程 |

在科学如此发达的今天，那些最聪明的大脑对这些问题也束手无策。

七大猜想

不管是谁，哪怕把证明向前推进一步，都能够青史留名。

七大猜想

14

庞加莱猜想由法国数学家庞加莱提出：任何一个单连通的、封闭的三维流形一定同胚于一个三维的球面。

老师，您能把这个给我讲明白吗？

没问题，它真的很"容易"。

先说明一下，这里的三维球面不是完美的圆形，苹果这样的特殊曲面也算球面。

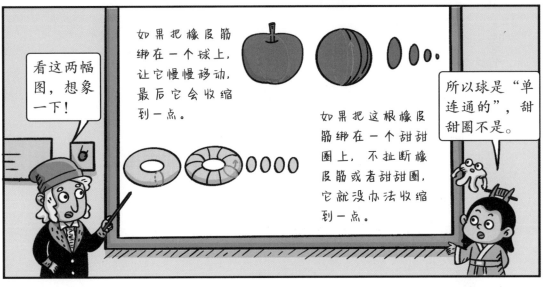

看这两幅图，想象一下！

如果把橡皮筋绑在一个球上，让它慢慢移动，最后它会收缩到一点。

如果把这根橡皮筋绑在一个甜甜圈上，不扯断橡皮筋或者甜甜圈，它就没办法收缩到一点。

所以球是"单连通的"，甜甜圈不是。

在数学里，看起来越简单的，反而越难。

我竟然真的听懂了！

的确是，1+1的证明还是未解之谜呢。

老师，要不您再讲一个？

这 7 个难题中最有名的是"黎曼猜想"。

黎曼是高斯老师的学生。

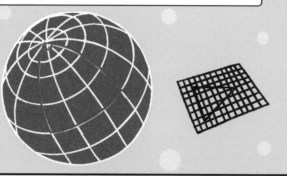

黎曼开创了黎曼几何。我们日常学的几何属于欧氏几何，即欧几里得几何。在欧式几何中，三角形内角和等于 180°，而在黎曼几何中，三角形内角和大于 180°。

从你家到学校之间最短的距离是什么？

以为能难倒我？两点之间线段最短！

地球是什么形状的？

球形啊！问题越来越简单了。

在地球这个球体上，线可是有弧度的。

家 学校

也就是说从家到学校之间最短的距离是一条曲线。在黎曼的世界里，一切都是弯曲的。

黎曼几何为后来爱因斯坦提出广义相对论提供了数学工具。

我设想时空就像可以伸展和弯曲的一块布。

平面几何只涉及二维，而黎曼开创了一种适用于任何维度的曲面几何学。

只有曲面几何才可以描述我的理论，感谢黎曼先生。

说回黎曼猜想，它和哥德巴赫猜想一样，也是关于素数的。

就是质数吧！除了1和自身外，不能被其他整数整除的数。

简单来讲，如果黎曼猜想正确，就可以揭示出这些素数的分布规律！

有的离得近，有的又离得那么远！

那赶紧开始证明，找到那个规律吧！

数学家们已经花了150多年，还没成功证明……

老师，您来讲讲吧。我想挑战一下，万一我能听懂呢。

黎曼提出了一个函数，当它取值为零时，对应的一系列特殊点——非平凡零点对素数的分布规律有决定性的影响。他还推断，这些特殊点都在一条直线上。

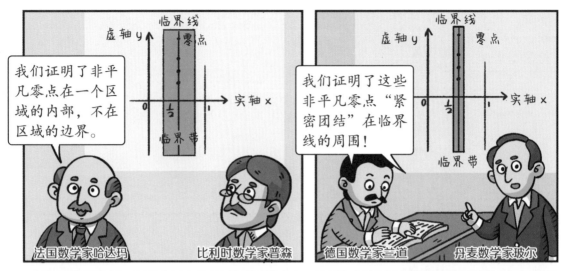

黎曼猜想被数学家们一小步、一小步地证明。

有多少个非平凡零点在这条线上：15、138、1000、8100万、10万亿……

全部的非平凡零点中，有百分之多少非平凡零点在这条线上：34%、35%、40%……

你看，数学这么难，我学不好不是很正常嘛。

难，充其量算是理由之一。

每个人的数学学习能力有所不同。

有的人就是学得又好又快。

一个人数学学得好不好，和他的智商并没有很大的关联。

我可不是这样想的。

但是，有一种能力对数学成绩的好坏起决定作用。

快说说看！

这座建筑像梦里的。

空间想象能力！

你要解决数学里抽象的数量关系问题，就需要把它转换为一个空间结构。

你来说一串数字。

123456789。

你看，你是按照顺序说出这些数字的，这些数字在你大脑里的排列就是一个空间结构。

好像是这么回事。

我们刚才是到四维空间冒险了吗?

明明爬到了二楼，开门出来竟然又是一楼。

学好数学还有一个方法，那就是通过研究来学习。打个比方，你有一盒乐高，以及搭建说明书。

你看了一遍说明书，心想自己一定能搭出这个东西。可你真的能成功吗?

你得自己搭一遍。你要一点点研究，一块块地去试，最后才能成功。学数学也是这样一个过程。

另外，你还要学会独立思考，独立解决问题，而不是仅仅掌握某种套路或方法。

太难了，想不出来呀！

耐心点儿，别怕犯错！

试试放在这里！

要花时间去理解数学。

了解概念背后的历史文化，定理背后的数学家的故事。

我成功啦！

数学概念之间有千丝万缕的联系。

$a^2+b^2=c^2$

当然，你们还需要一位好老师的引导。

等等我！

老师可以带你们发现数学里的乐趣。

太好啦！好期待下一次探险！

老师还能帮你们建立思维体系，老师的作用非常关键。

关于数学的电影吗？感觉会不太好看呀。

真希望有一天，我也能感受到数学的趣味。

你真的进步了，只是自己还没有发现。

我们可能有一万个学不好数学的理由，但没有一个理由可以让我们放弃数学。

从某种意义上来说，我们所在的真实世界就是由抽象的数学构建起来的。

数学的世界

电影要开始了！

2400年前，希腊和波斯发生了战争。

统帅，我抓到了一个波斯探子！

搜过身了吗？

没发现特殊物品！

探子身上的腰带引起了统帅莱桑德的注意。

莱桑德把腰带缠到探子的剑鞘上，发现腰带上的字母组成了一段完整的文字。

你们看！他在偷传情报！

这就是早期的密码！

密码学的发展由数学推动，需要用到信息论、概率论、数论、代数几何学等。

输个密码这么复杂？

二战期间，人工智能之父图灵协助军方破解了德国著名密码系统 Enigma，帮助盟军取得了二战的胜利。

现在，密码已经成为我们生活中必不可少的部分，例如——

保障网络通信安全

保护在线支付安全

保护军事机密

不管是哪种密码，都离不开数学理论的支持。

怎么又开始放战争片了？

这是第二次世界大战与数学有关的另一个例子。

不列颠空战中，英军飞机的数量和质量都逊于德军。

就连雷达的能力也逊于对手。

经过数学家的计算，英军优化了雷达的配置和高射炮的射击范围。

战争初期，每200发炮弹才能击落一架敌机；到了后期，每20发就能击落一架敌机。

哇，相同数量的炮弹可以击落更多的德国飞机了。

运筹学

没错！这也是数学分支运筹学的起源。

数学比武器都厉害！我还记得数学家沃尔德给飞机加装防护板的事。

我想到了田忌赛马！

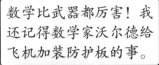

VS

齐国的将领田忌和齐王赛马，双方的马匹按照跑得快慢划分三个等级，进行三场比赛。

上 中 下

但是齐王同一等级的马都比田忌的马跑得快。

这还比什么，田忌肯定三场全输啊。

孙膑是田忌的军师，他发现齐王并没有规定必须是同等级的马对阵。

于是孙膑向田忌献策——

哇，田忌只输了第一场，赢了两场！

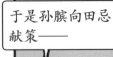

田忌　齐威王

下等马 —负→ 上等马

上等马 —胜→ 中等马

中等马 —胜→ 下等马

田忌赛马就是一个典型的运筹学案例，其关键在于用局部的牺牲换取全局的胜利，最后以弱胜强。

26

嘘，新的影片开始了。

传说一位印度国王酷爱国际象棋，他下令奖赏发明象棋的宰相达依尔。

你想要什么奖励？

请陛下赏赐我一些麦子吧！请在第1格放1粒麦粒，第2格放2粒，第3格放4粒，以此类推。

宰相太客气了！

确实要的不多呀，一共才64格。

国王起初还笑达依尔太客气，但很快便笑不出来了。

这可是天文数字啊！

按照这样的方法计算，到第64格时，要摆放2的63次方，也就是1800兆粒麦粒。

相当于人类2000年来生产的粮食的总和！

这个宰相可真会开玩笑。

他利用了几何级数增长这一数学原理。

假设你有一根魔法棒，每次挥动魔法棒都可以使物品的数量翻倍。

比如，挥一次得到 1 个苹果，挥两次得到 2 个苹果，挥三次得到 4 个苹果，挥四次得到 8 个苹果，以此类推。

快停下！

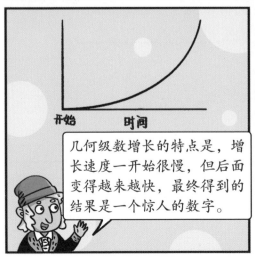

开始　时间

几何级数增长的特点是，增长速度一开始很慢，但后面变得越来越快，最终得到的结果是一个惊人的数字。

在生物学、人口学、社会学等领域，这个原理都有用处。

想了解数据的秘密吗?

随机统计某个国家的各种数据,比如人口、机场数量、发电量、公路总长、石油消耗量等……

汇总后我们会发现,这些数据中,1 开头的数字最多,占全部数据的三分之一。比如,人口数量更有可能是1289,而不是 2289。

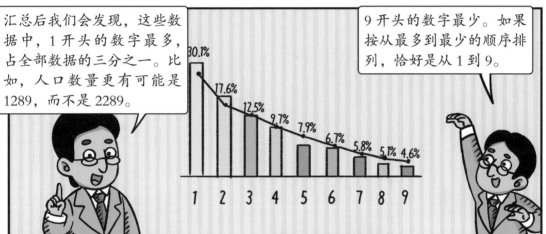

30.1%
17.6%
12.5%
9.7%
7.9%
6.7%
5.8%
5.1%
4.6%

1 2 3 4 5 6 7 8 9

9 开头的数字最少。如果按从最多到最少的顺序排列,恰好是从 1 到 9。

这个规律是由美国人本福特发现的,因此被称为"本福特定律"。

伪造数据的曲线

本福特定律的曲线

这个概率论的成果可以直接检验数据的真假,它的原理也可以用数学方法证明。

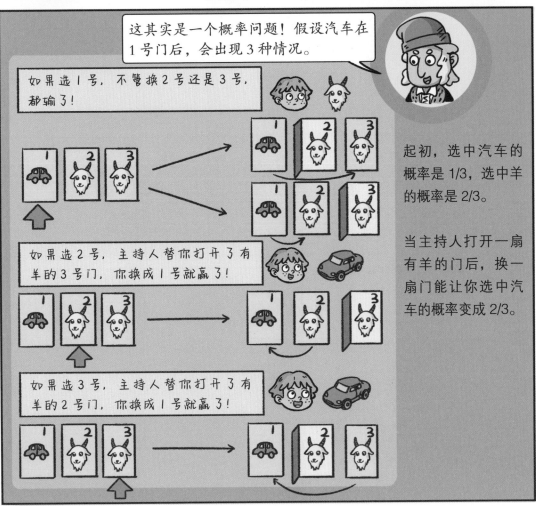

我换！我换！

什么！这也算汽车？

学到知识更重要嘛。

为什么我感觉主持人的嫌疑很大呢？

这个实验的关键就在于主持人，他必须要挑一扇后面没有汽车的门。

到目前为止，我们所经历的事情都展现了抽象的数学是如何应用于真实世界的。

人类通过现实世界的规律去研究数学，又用抽象的数学规律去改造现实世界。

希望你在看完这些数学故事后，可以重新认识数学这位抽象的巨人！

无论你是不是所谓的被数学选中的人，数学都在潜移默化地影响、改变、塑造着你。

数学是人类智慧的结晶，指引我们前行的方向。
如果被数学选中的人构成了一个集合，那么它与人类这个集合应该是一样大的。

蕴含了数学的世界，景色好美啊！

老师，数学好像没那么恐怖了。

数学的世界

$-e$, $\sqrt{2}$, 3, π　　实数

-2, -1, 0, 1, 2　　整数

1, 2, 3　　自然数

-2, $\dfrac{2}{3}$, 1, 2, 3　　有理数

几何　　　　分形几何

微分几何　　拓扑学

这一部分属于纯粹数学，它们研究数学本身。我们对其中一些内容有所涉及。

群论

$$
\begin{array}{ccccc}
 & & 1 & & \\
 & 1 & & 1 & \\
 1 & & 2 & & 1 \\
1 & 3 & & 3 & 1 \\
1 & 4 & 6 & 4 & 1
\end{array}
$$

杨辉三角

图论

微积分

混沌理论

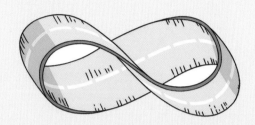

这是莫比乌斯环，也是一种拓扑结构，由德国数学家莫比乌斯和约翰·李斯丁于 1858 年发现。

请先准备一个纸条，然后将它扭转 180°，再把两头连接起来，它就变成了一个很特别的纸环。如果是用常规的方法把纸条的两头粘住，形成的纸环会有正反两个面，比如，你可以把外面那一圈涂上红色，把里面那一圈涂上黄色。但是，你给莫比乌斯环涂颜色时会发现，涂着涂着就把纸环的"正反"两面都涂满了，这是因为，实际上它只有一个面！

我还有一个更惊人的发现，把纸环沿着图中所示的虚线剪开的话，它不仅不会被剪断，反而变成了一个更大的纸环，如果再从中间剪开，就变成了两个套在一起的纸环。

我的数学笔记

• • • • • — — — • — •

上面这一行是我发出的密码！

这是摩斯密码，也叫摩尔斯密码，它是只使用0和1两种状态的二进制代码，由"•"和"–"组成，通过它们的不同排列来代表不同的字母、数字，并以此来进行通讯。比如，0~9的数字是这样表示的：

```
1  • — — — —
2  • • — — —
3  • • • — —
4  • • • • —
5  • • • • •
6  — • • • •
7  — — • • •
8  — — — • •
9  — — — — •
0  — — — — —
```

右侧图片展示的是旗语，这是一种用旗帜传递信号的密码，有单旗和双旗两种，是世界各国海军的通用语言。旗子沿对角线分为两种颜色，在海上使用的是红色和黄色，陆地上使用的是红色和白色。

我现在来揭晓答案：笔记开头的摩斯密码和旗语表示的是相同的意思！

《孙子算经》是中国古代重要的数学著作，大约成书于一千五百年前，但是我们并不清楚这本书的作者是谁。书中记载的一道题目对小学生有非常深远的影响，那就是"鸡兔同笼"问题。

　　"今有雉、兔同笼，上有三十五头，下有九十四足。问：雉、兔各几何？"

　　这道题的意思是：笼子里有若干只鸡和兔，从上面数有 35 个头，从下面数有 94 只脚。鸡和兔各有多少只？

　　《孙子算经》中给出的解法是："上置头，下置足，半其足，以头除足，以足除头，即得。"

　　我猜到了这个解法的意思：鸡有 2 只脚，兔有 4 只脚，如果把鸡和兔脚的数量都减半，这样每只鸡有 1 只脚，每只兔有 2 只脚，题中脚的数量就从 94 变成了 47。这时候，47 已经大于鸡和兔的总数，那么，多出的数量就是兔的只数。

　　兔的数量：94÷2-35=12（只）

　　鸡的数量：35-12=23（只）

　　答案就是：兔有 12 只，鸡有 23 只。

我有一个问题？

高斯说，数学是科学的皇后，应该怎么理解高斯这句话的意思？

中国科学院院士
袁亚湘

数学被称为科学的皇后，是因为数学是所有自然科学的基础。有人曾问我，既然数学这么重要，为什么不说数学是科学的皇帝？了解国际象棋的人都知道，棋子"皇帝"（King）几乎没什么用，而棋子"皇后"（Queen）才是棋盘上威力最大的棋子。当然，用皇后来形容数学，也恰好说明数学是美的，是迷人的。

有没有学好数学的诀窍呢？

你能提出这个问题，说明你有学好数学的愿望和为之付出努力的决心。这意味着在学数学的道路上，你已经迈出了非常重要的一步。其实，我们感叹学不好数学，通常主要是因为被数学难住了。你也看到了，哪怕对数学家们来说，数学也是非常非常难的。你要做的，就是遇到困难时先不要着急，以免产生抵制情绪，然后，去夯实课上的数学基础。不仅如此，你还要搞清楚自己究竟是被哪些内容"卡"住了，有针对性地去弥补不足。另外，任何学习最好都有兴趣相伴。没有兴趣，遇到困难时，你就会越来越容易退缩。所以，还要培养对数学的兴趣。数学不只是做题，数学家的故事中有数学，棋类游戏中有数学，纪录片中也有数学。

图书在版编目（CIP）数据

数学选中了你.4, 数学选中了每个人 / 很忙工作室著 ; 有福画童书绘. — 北京 : 北京科学技术出版社, 2023.12（2024.6重印）
（科学家们有点儿忙）
ISBN 978-7-5714-3199-0

Ⅰ.①数… Ⅱ.①很… ②有… Ⅲ.①数学—儿童读物 Ⅳ.①O1-49

中国国家版本馆CIP数据核字(2023)第156844号

策划编辑： 樊文静
责任编辑： 樊文静
封面设计： 沈学成
图文制作： 旅教文化
营销编辑： 赵倩倩　郭靖桓
责任印制： 吕　越
出 版 人： 曾庆宇
出版发行： 北京科学技术出版社
社　　址： 北京西直门南大街 16 号
邮政编码： 100035
电　　话： 0086-10-66135495（总编室）
　　　　　　0086-10-66113227（发行部）
网　　址： www.bkydw.cn
印　　刷： 北京宝隆世纪印刷有限公司
开　　本： 710 mm × 1000 mm　1/16
字　　数： 50 千字
印　　张： 2.5
版　　次： 2023 年 12 月第 1 版
印　　次： 2024 年 6 月第 6 次印刷
ISBN 978-7-5714-3199-0

定　　价： 107.00 元（全 4 册）

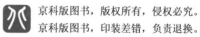